AF509688

UN PORTE-GREFFE

POUR LES TERRAINS

CRAYEUX ET MARNEUX

LES PLUS CHLOROSANTS

CHASSELAS × BERLANDIERI N° 41

ÉTUDE

PAR

A. MILLARDET ET CH. DE GRASSET

Prix : 2 francs.

BORDEAUX
FERET ET FILS
Libraires-Éditeurs
15, COURS DE L'INTENDANCE, 15

PARIS
LES LIBRAIRES, ASSOCIÉS
Éditeurs
13, RUE DE BUCI, 13

1894

UN PORTE-GREFFE

POUR LES TERRAINS

CRAYEUX ET MARNEUX

LES PLUS CHLOROSANTS

CHASSELAS × BERLANDIERI Nº 41

ÉTUDE

PAR

A. MILLARDET ET CH. DE GRASSET

Extrait de la *Revue de Viticulture*
Décembre 1894

BORDEAUX
FERET ET FILS
Libraires-Éditeurs
15, COURS DE L'INTENDANCE, 15

PARIS
LES LIBRAIRES, ASSOCIÉS
Éditeurs
13, RUE DE BUCI, 13

1894

UN PORTE-GREFFE POUR LES TERRAINS CRAYEUX

ET MARNEUX LES PLUS CHLOROSANTS

CHASSELAS × BERLANDIERI, N° 41

DESCRIPTION

PLANTE très vigoureuse, à port étalé, fertile, ressemblant beaucoup, à première vue, à un *Berlandieri* pur.

Bois de l'année gros, souvent un peu coudés aux nœuds, notablement aplatis et fréquemment canaliculés d'un côté, d'un nœud à l'autre, à la base des plus fortes pousses; arrondis dans le milieu de ces dernières; arrondis subpolygonaux vers leur sommet. Bois de couleur vert clair ou un peu jaunâtre dans leur jeunesse, de couleur brun-havane à l'état de maturité complète, ornés de bandes longitudinales plus foncées, à la base des gros sarments; d'un brun plus clair, très légèrement pruineux, dans leur partie moyenne et extrême. Surface des bois assez fortement striée à la base des gros sarments, glabre sauf au sommet des pousses où se voient quelques petits pelotons laineux blanchâtres. — *Diaphragmes* de un et demi à deux millimètres d'épaisseur, concaves en dessus et en dessous. Moelle médiocrement épaisse relativement au bois proprement dit, jamais deux fois aussi épaisse que ce dernier. — *Vrilles* longues, bifurquées. — *Entre-nœuds* de longueur souvent irrégulière, de grandeur moyenne (ne dépassant guère 12 centimètres). Nœuds peu renflés. — *Bourgeons* à duvet blanchâtre au sommet, ferrugineux sous les écailles; à la pousse du printemps d'abord violacés, se nuançant ensuite de grisâtre et devenant enfin de teinte plus ou moins bronzée ainsi que les jeunes tiges. A cette époque, les *jeunes feuilles* sont à la fois pubescentes et lanugineuses.

FEUILLAGE d'un beau vert, jamais teinté de rouge en automne, mais prenant à cette époque une teinte jaune vif.

FEUILLES à pétiole presque toujours plus court que le limbe, d'un vert jaunâtre, souvent légèrement enviné à l'automne; faiblement pubescent et lanugineux; portant un sillon longitudinal à peine marqué du côté supérieur; à coupe (dans sa région moyenne) subarrondie-polygonale du côté inférieur, en dos d'âne, avec une faible dépression médiane, du côté supérieur. — *Limbe* presque toujours plus large que long, habituellement très étalé ou seulement un peu plié suivant sa longueur; de forme générale arrondie-pentagonale à la base des sarments; un peu cordée au sommet; sub-5 lobé sur les feuilles inférieures, sub-3 lobé sur les moyennes, presque entier sur les supérieures. — *Lobes* subaigus chez les feuilles inférieures, le plus souvent obtus et très obtus chez les moyennes et supérieures. — *Sinus* latéraux subaigus ou obtus comme les lobes, le pétiolaire ouvert en V ou en U. — *Dents* presque toujours d'une seule sorte, petites, obtuses ou arrondies, peu pubescentes au bord. — Consistance du limbe plutôt épaisse et résistante. — Face supérieure lisse, luisante, presque glabre. Face inférieure de teinte plus pâle, brillante dans l'intervalle des nervures — Ces

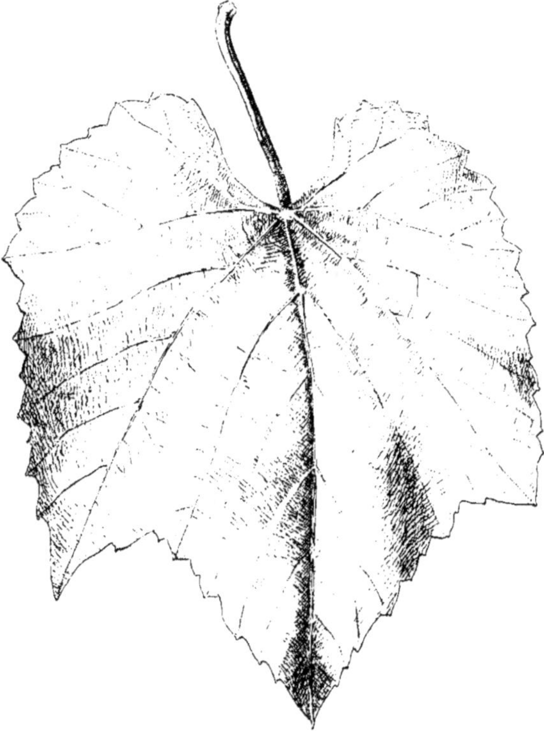

Fig. 1. — Feuille de 41 (région moyenne de la plante).

dernières toutes plus ou moins pubescentes et pelucheuses. Les quatre grandes nervures latérales naissant souvent deux par deux de deux courts troncs communs. Petits bouquets de poils subulés et laineux à l'aisselle des nervures principales du côté inférieur de la feuille.

FLEURS hermaphrodites, à étamines courtes.

GRAPPE cylindrique, étroite, habituellement de 12 à 16 centimètres de longueur, peu composée, le plus souvent non ailée, quelquefois à aile grêle, allongée, portant seulement 4 à 5 grains. Pédicelles des grains courts (5 à 6 millimètres), épais, coniques, finement tuberculeux. Pinceau court, coloré.

GRAINS espacés, de grosseur sous-moyenne, sphériques, noirs, assez pruineux, juteux, à peau épaisse, jus incolore, pulpe fondante, verdâtre. Saveur très franche, agréable, à la fois acidule et sucrée.

Pépins : 1 à 2 par grains, sans pigment à leur surface, offrant avec ceux du *V. Berlandieri* une ressemblance frappante, gros, trapus, presque aussi larges que hauts, à surface souvent très tuberculeuse. *Chalaze* à bord supérieur occupant sensiblement le milieu de la hauteur totale de la graine, atténuée en pointe du côté inférieur, souvent de teinte plus claire, assez saillante dans une fossette large et profonde qui se continue en haut et en bas. *Raphé* non saillant, remplacé par une gouttière. Extrémité inférieure de la graine atténuée en un bec assez aigu, court, de couleur plus foncée. Extrémité supérieure très large, bilobée.

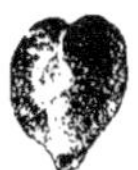

Fig. 2 et 3. — Un pépin de 41, vu sous ses deux faces. Troncy *del.*

Maturité de deuxième à troisième époque.

OBSERVATIONS

La plante dont il est question ici est le produit de la fécondation du *Chasselas vert* par le pollen d'une plante mâle de *V. Berlandieri* cultivée par M. Léonce Guiraud dans sa propriété de Villary, près Nîmes (Gard), pollen qu'il eut l'obligeance de nous envoyer à Bordeaux, en 1882.

En 1884, les quatorze individus issus de cette hybridation et qui constituaient alors le n° 41 de notre collection furent mis en grande culture à Laval, près Pézenas (Hérault), avec quinze cents autres hybrides différents et variés, de même âge, dans une terre de qualité moyenne, bien défoncée, où ces hybrides succédèrent à une vieille vigne qui venait d'être tuée par le Phylloxéra. En 1887, alors que beaucoup de ces hybrides commençaient à dépérir, nous distinguâmes, à leur vigueur, parmi les quatorze plantes du n° 41, deux individus qui furent désignés individuellement par les lettres A et B. Depuis, nous nous sommes aperçus que, de ces deux plantes, B seul était réellement hybride de *Berlandieri*; A était un hybride de *Rupestris* qui s'était glissé, par erreur, parmi les 41. C'est donc du 41 B exclusivement qu'il sera question ici, et nous ne le désignerons désormais que par son numéro, sa lettre originelle (B) devenant inutile puisque l'autre 41 (A) est hybride de *Rupestris*.

Cette même année, les racines de tous les hybrides les plus vigoureux furent visitées avec soin; le 41 se montra indemne de Phylloxéra, et dix boutures que nous mîmes de côté en furent plantées, au printemps de 1888, dans une vigne voisine que le Phylloxéra venait de détruire. Ces dix boutures reprirent toutes sans exception; et bien que ces ceps soient entourés de concurrents très sérieux, ils présentent en ce moment, au niveau du sol, une circonférence moyenne de 18 à 19 centimètres, alors que le pied mère, qui vient de terminer sa dixième année de plantation, en mesure 28. Ces vignes n'ont jamais reçu que des fumures ordinaires, tous les trois ans.

En 1890, M. Bouisset plantait dans son jardin, à Montagnac (Hérault), au pied d'un mur et à une exposition favorable, un raciné de 41, au milieu

Fig. 4. — Plante de quatre ans de 41, chez M. Bouisset. (J. Troncy del.)

d'une ligne d'hybrides variés (n°ˢ 139, 160, 149, etc.) qu'il pensait être très résistants à la chlorose, dans l'intention d'en faire une treille de raisins de table par le greffage. Mais ce sol est infiniment plus chlorosant que sa teneur en calcaire 34 0/0, ne peut le faire supposer. Deux ans après, tous ces hybrides, sauf le 41, étaient tellement rabougris par la chlorose qu'ils durent être arrachés. Le 41, qui avait montré une végétation et une coloration verte normales, fut seul conservé, et, à partir de cet instant, il fut fumé soigneusement. Depuis, s'emparant de l'espace libre autour de lui, il a pris un développement qu'on peut appeler prodigieux, sans encourir le reproche d'exagération, puisqu'il couvre en ce moment, sur le mur où il est palissé, une longueur de 18ᵐ,80 et que sa souche, au niveau du sol, mesure 35 centimètres de circonférence. C'est cette plante que représente la figure 75, d'après une photographie faite à la fin d'août, alors qu'elle n'avait encore qu'une quinzaine de mètres de longueur. Les roseaux sur lesquels elle est attachée sont à une distance moyenne de 30 centimètres les uns des autres, ce qui peut servir à estimer son grand développement.

Cette grande vigueur ne dépend pas uniquement des fumures et du soleil du Midi, comme on pourrait le supposer. Partout où le 41 a été essayé, dans le Tarn-et-Garonne, le Gers, les Charentes, la Dordogne, il s'est montré de première vigueur, sauf dans les champs d'essai de Montagnac et dans ceux de MM. Dethan et Bethmont où il est placé dans des sols d'une extrême pauvreté, ainsi qu'on le verra plus loin, épuisés par des vignes anciennes et qui, depuis, n'ont jamais été fumés.

Cette vigueur persiste après le greffage. Toutes les greffes faites dans le Tarn-et-Garonne, le Gers et les deux Charentes, en 1891, sur racinés plantés en 1890, lorsque le terrain s'est trouvé être naturellement d'une fertilité à peu près moyenne, sont aujourd'hui belles ou très belles, *bien qu'elles n'aient jamais été fumées*. Voici quelques mesures qui le prouveront. Elles représentent, en centimètres, la circonférence des pieds greffés immédiatement sous la greffe :

A Julliac-le-Coq, greffé en *Folle Blanche*, 8 à 9 centimètres, selon les pieds ;

Chez M. Verneuil, même cépage, 8 à 10 centimètres ;

Chez M. Thibaut, *Tannat*, 7 à 9 centimètres ;

Chez M. d'Hébray, dix cépages différents, 8 à 13 centimètres, selon les cépages. Les plus fortes greffes sont celles de *Pinot Blanc*, *Milgranet*, *Val-diguier* et *Sémillon*.

On pourra se faire une idée de la fertilité de ces différentes terres par les analyses données plus loin.

Ainsi qu'on l'a vu plus haut, la plante mère du 41 s'est montrée complètement indemne de Phylloxéra pendant plusieurs années. Des nodosités en petit nombre ont été constatées, pour la première fois en 1890 ou 1891, sur les dix plantes provenant de ces dix boutures de 1888, dont il a été question plus haut. Depuis cette constatation, les racines de ces plantes ont été visitées avec attention une ou même deux fois chaque année, et jamais, même en 1893, où le Phylloxéra s'est montré si meurtrier, l'ombre d'une seule tubérosité n'y a été aperçue.

Depuis la même époque, nous avons examiné également chaque année les racines du 41, à la fois : dans notre champ d'essai de Talence, près Bordeaux ; à Maurens (Gers), dans celui de M. Thibaut ; à Cozes, chez M. Verneuil ; au château de La Grève, chez M. Bethmont ; à Julliac-le-Coq, dans le champ d'essai de la Station viticole de Cognac. Toutes ces visites réitérées de 41 greffés ou non, placés dans des sols phylloxérés dès l'origine de la manière la plus intense, ont toujours donné, et il y a un mois encore, le même résultat : nodosités petites et rares (dans la proportion de 5 à 10 0/0 du nombre des radicelles), tubérosités nulles.

Deux de ces champs d'essai sont particulièrement instructifs parce que le 41 s'y trouve au centre de taches phylloxériques qui ont fait le vide autour de lui. C'est ce qui est arrivé à Julliac et chez M. Verneuil. Chez ce dernier, dix 139 greffés sont morts, il y a deux ans, à côté des dix 41 greffés ; et plusieurs autres hybrides qui environnent ces derniers se rabougrissent insensiblement (un 165 et un *Taylor-Narbonne* par exemple). A Julliac, les dix 41 (dont deux non greffés) forment avec trois ou quatre autres hybrides de *Berlandieri* (n⁰ˢ 184, 29) un véritable fourré, au milieu d'un espace de plusieurs ares où ne se voient plus que des hybrides variés rabougris, mourants ou morts à la suite des atteintes de l'insecte. Même dans ces conditions, il faut souvent plus d'un quart d'heure de recherches pour trouver une seule nodosité sur la plante dont nous parlons, et souvent même on n'en trouve aucune.

Ces faits sont certains, et nous pouvons invoquer à l'appui de nos observations le témoignage de plusieurs viticulteurs, dont la compétence ne fera doute pour personne, qui ont été maintes fois témoins de nos recherches et qui les ont répétées indépendamment de nous : MM. Verneuil, Bethmont, de Lapparent, Ravaz et même MM. Couderc et Roy-Chevrier, qui, avant le Congrès de Lyon, ont eu la satisfaction de constater le parfait état des racines du 41 chez M. Verneuil.

Quel que puisse être le poids de ces diverses constatations, nous aurions peut-être hésité à affirmer aujourd'hui la haute résistance du 41, si nous n'avions par devers nous des preuves encore plus fortes de cette résistance. Nous savons, en effet, que souvent, dans des champs d'essai comme ceux dont il est question, où beaucoup de plantes différentes se trouvent rassemblées, le Phylloxéra se cantonne d'abord sur celles qui lui conviennent le plus, pour n'attaquer les autres qu'après la destruction des premières.

Pour résoudre cette difficulté, nous avons cultivé le 41 pendant deux ans dans des pots à fleurs, les uns de 25, les autres de 35 centimètres de diamètre, qui étaient infectés au moyen de galles phylloxériques. Ces plantes, examinées soit à la première, soit à la deuxième année, n'ont jamais montré la moindre tubérosité et n'ont présenté, comme en plein champ, que cinq à dix petites nodosités pour cent radicelles.

Nous avons aussi mis les 41 en concurrence, dans des pots semblables à ceux dont il vient d'être question, d'une part avec le *Riparia Grand glabre*, d'autre part avec le *Solonis*. Plusieurs pots de chaque sorte examinés, soit à la fin de la première année, soit après la seconde, ont donné uniformément les mêmes résultats. Dans les pots avec *Grand glabre*, le plus souvent à peu près autant de nodosités sur 41 que sur *Riparia*, quelquefois moins ; pas de tubérosités ni sur l'un ni sur l'autre. Dans ceux avec *Solonis*, le 41 se montrait complètement indemne ; le *Solonis* était couvert de nodosités (50 à 60 0/0 du nombre total des radicelles), libre la plupart du temps, mais pas toujours de tubérosités. M. Ravaz, que nous savions se livrer à des essais du même genre, a bien voulu nous en communiquer dernièrement les résultats. Pour ne pas lui ôter le plaisir d'en donner le détail, nous nous bornerons à dire qu'ils concordent essentiellement avec ceux que nous avons obtenus nous-mêmes.

Mais ce n'est pas tout : nous avons un argument plus puissant encore à faire valoir en faveur de la très haute résistance de la plante dont nous parlons.

Il existe à Laval un millier de greffes de 41 faites depuis deux, trois ou quatre années, pour les besoins de la multiplication, sur des plantes de très haute résistance, des *Riparias*, des *Riparia-Rupestris*, des *Azémar*, des 108, 107, *Cordifolia-Rupestris* de *Grasset*, etc. Ces greffes, faites à dessein à quinze ou vingt centimètres de profondeur, sont affranchies depuis deux, trois ou quatre ans. Elles couvrent une superficie d'un quart d'hectare, sans mélange de plantes à faible résistance. Le Phylloxéra est partout, et en déchaussant les pieds avec précaution, on trouve enchevêtrées les racines des porte-greffes et celles du 41. Des recherches fréquentes et minutieuses nous ont montré que, d'une manière générale, il n'y a pas plus de nodosités sur le 41 que sur les porte-greffes nommés plus haut. Quant aux tubérosités, il ne s'en trouve, bien entendu, ni sur l'un ni sur les autres. M. Viala a bien voulu venir à Laval répéter ces constatations. Elles ont entraîné sa confiance à la résistance du 41.

Dirons-nous encore que, depuis quelques années, il a passé entre nos mains et celles de M. Bouisset, à l'arrachage de la pépinière de ce dernier, plusieurs milliers de racinés de 41, et que jamais rien de suspect n'a pu être constaté sur leurs racines ; tandis que fréquemment des lignes entières de plantes moins résistantes, placées à côté du 41 (160 et même *Riparia-Martineau* et *Rupestris-Phénomène*) ont offert des tubérosités plus ou moins accusées.

Si nous voulions résumer par un coefficient de résistance l'ensemble de nos observations, nous dirions que cette résistance est le plus souvent de 9, quelquefois de 9,5 et que rarement elle descend à 8,5 (l'immunité étant représentée par 10, la résistance du *Phénomène* par 7 à 7,5, celle du *Solonis* par 6,5, celle du *Jacquez* par 4,5). Elle nous semble par conséquent très comparable à celle du *Riparia Grand glabre*, le plus résistant de tous les *Riparias* suffisamment étudiés.

Afin d'apprécier la résistance à la chlorose du 41, nous passerons successivement en revue les principaux champs d'essai dans lesquels il a été placé depuis quatre ans au minimum et greffé depuis au moins trois; le deuxième champ de Montagnac seul n'a que deux années de greffage. Une remarque importante et commune à tous ces champs d'essai, c'est que tous ont été établis sur d'anciennes vignes détruites par le phylloxera et que, depuis leur établissement, ils n'ont jamais été fumés. Partout l'essai a porté sur dix pieds de chaque numéro ou variété, du 41 comme des autres.

TERRAINS CALCAIRES ET MARNEUX.

CHAMPS D'ESSAI DE MONTAGNAC (Hérault), chez M. REY DE LACROIX. — A la Grangette.

1ᵉʳ *champ*. — Miocène lacustre. Sol calcaire, marneux, blanc, de 20 centimètres d'épaisseur sur le bord du champ, où est planté le premier pied de chaque variété essayée, arrivant presque au double vers le dernier pied de la même variété; pierreux, très humide en hiver, très sec en été. Sous-sol formé d'un calcaire marneux blanc, feuilleté, impénétrable aux racines, délité à la surface où il se laisse écraser sous la pression du doigt qu'il tache comme de la craie.

Sol, 0/0 : — calcaire, 63,0; argile, 6,0 [1].

Azote, 0,070; acide phosphorique, *traces*; potasse, 0,19.

Sous-sol : — calcaire, 81,0; argile, 9,0.

Plantation de 1888, greffage de 1890.

2ᵐᵉ *champ*. — A côté du précédent; même étage géologique, mêmes caractères, même composition, cependant plus mauvais encore à cause de la profondeur moindre du sol qui varie entre 15 et 24 centimètres et de la plus grande proportion de pierres.

Sol, 0/0 : — Calcaire 79,0; argile, 12,0.

Azote 0,04; acide phosphorique, *traces*; potasse, 0,18.

Sous-sol : — calcaire, 82,0; argile, 12,0.

Plantation de 1890; greffage de 1892.

CHAMP D'ESSAI DE SAINT-MARTIN, chez M. DE SERRES. Situé dans le Garumnien Crétacé supérieur lacustre. Très analogue aux deux champs précédents, mais sous-sol marneux, blanc.

Sol, 0/0 : — calcaire 77,0; argile, 5.

Azote 0,05; acide phosphorique, *traces*; potasse 0,1.

Sous-sol : — calcaire, 63,0; argile, 11,0.

Plantation de 1888, greffage de 1890.

Dans ces trois champs, où figurent une cinquantaine de variétés et d'hybrides différents, le 41 n'a jamais offert de traces de chlorose. Dans tous, il porte des greffes satisfaisantes soit comme développement, soit comme production, si on tient compte de la pauvreté extraordinaire du terrain en principes nutritifs, surtout en acide phosphorique.

1. Toutes les analyses qui figurent dans ce travail ont porté sur 100 grammes de terre fine. Les chiffres à gauche de la virgule représentent des grammes. — Elles ont été exécutées au laboratoire de la Station agronomique de Bordeaux, sous la direction de M. Gayon.

Avec lui, quelques autres hybrides portent des greffes tout aussi vertes, et ont même un peu plus de développement (Numéros 33, 143 etc.).

Des *Jacquez* plantés comme témoins se sont chlorosés non greffés. Les trois quarts sont morts immédiatement après le greffage; le reste l'année suivante. — Les terres de ce genre sont fréquentes dans le voisinage de l'étang de Thau.

TERRAIN MARNEUX DU GERS.

Champ d'essai de M. S. Thibaut, à Maurens (par Monferran-Savès). Miocène lacustre. — Niveau à *Melania aquitanica*.

Sol de 25 à 30 centimètres d'épaisseur, argilo-siliceux et marneux, assez coloré, sans pierres, parsemé de concrétions calcaires noduleuses, plus ou moins friables, assez compact. Sous-sol très compact, se coupant comme du plomb, de couleur jaune, strié de veines blanchâtres de calcaire qui se réduit facilement en poussière sous la pression du doigt. La pente assure aux eaux un écoulement suffisant.

Le *Solonis* et le *Jacquez* se chlorosent non greffés; souvent la vigne française elle-même y jaunissait sur certains points.

Terrain défoncé à 50 centimètres, c'est-à-dire en mélangeant le sol avec la partie supérieure du sous-sol. Plantation du 41 en 1890; greffage en 1891.

Sol, 0/0 : — calcaire, 23,0; argile, 36,0.

Azote, 0,09; acide phosphorique, 0,04; potasse, 0,2.

Sous sol : — calcaire, 24,0; argile, 36,0.

Ce sol est très chlorosant. Les greffes qui n'y ont jamais montré une chlorose caractérisée, à un moment et sur un point particulier, sont très rares. Le 41 est de ce nombre. Ses greffes sont vigoureuses et fructifères.

TERRAIN DE GROIE

Champ d'essai de M. Bethmont, au château de La-Grève (par Tonnay-Boutonne), Charente-Inférieure.

Etage Kimmeridgien, d'après la carte géologique.

Sol faiblement coloré, extrêmement pierreux (52 0/0 de pierres), formé probablement par la décomposition du sous-sol, très aride, de 15 centimètres seulement d'épaisseur; sous-sol formé d'un pavé de fragments calcaires très durs, presque impénétrable aux racines.

Plantation du 41 en 1890; greffage en 1891.

Sol 0/0 : — calcaire, 24,0; argile, 32,0.

Azote, 0,25; acide phosphorique, 0,21; potasse, 0,9.

Sous-sol : — calcaire, 90,0; argile, 6,3.

Sol pauvre malgré sa bonne composition chimique, par suite de son peu d'épaisseur et de la masse de pierres qu'il contient. Les greffes sur *Solonis*, *Riparia* et *Rupestris* s'y chlorosent très fortement.

Les greffes de *Folle* sur 41 n'ont jamais montré traces de chlorose, mais elles ont un développement notablement inférieur à celui des greffes sur certains 33,50, 141, 143, etc., de telle façon que ces derniers porte-greffes sont inférieurs, pour ce terrain, au 41.

TERRAINS CRAYEUX

Les trois champs d'essai dont il nous reste à parler sont dans la craie pure ; le sol en est formé par la décomposition du sous-sol. Bien que dans les deux premiers le sol ne contienne pas une grande proportion de calcaire, comme ce calcaire est de la craie, la chlorose y est intense, les *Jacquez* et *Solonis* y jaunissent fortement non greffés.

CHAMP D'ESSAI DE M. VERNEUIL, à Cozes (Charente-Inférieure), Petite Champagne. Étage Santonien.

Terre de couleur cendrée pendant la sécheresse, brunâtre après la pluie ; mélangée de pierres crayeuses et de silex nombreux. De fertilité moyenne. Champ peu homogène quant à la teneur en calcaire.

Sol de 30 à 35 centimètres, reposant sur un banc de craie très fragmentée, un peu perméable aux racines.

Sol : — 0/0 : calcaire (craie), de 16 à 45 ; argile, 10,7 à.....

Azote, 0,098 ; acide phosphorique, 0,077 ; potasse 0,099.

Sous-sol : — calcaire (craie), 69,8 ; argile, 10,76.

Le sol, au point où sont les 41, dose de 22 à 23 0/0 de calcaire.

Plantation des 41 en 1890 ; greffage en 1891.

Les greffes de *Folle* sur 41 ont toujours présenté une coloration normale, même les années de grande chlorose. Elles sont très belles et fructifères. Deux greffes, mesurées récemment par M. Verneuil, présentent l'une près de 7 centimètres de pourtour, l'autre presque dix, et cela malgré les mutilations nombreuses et étendues dont leurs racines ont été l'objet chaque année. Dans ce champ, quelques greffes sur 33 et sur 50, mais surtout sur 144 et 143 n'ont jamais été touchées que faiblement par la chlorose et se montrent aussi belles et fructifères que celles qui sont sur 41 ; mais en général elles ne se trouvent pas dans les endroits où la quantité de calcaire est la plus considérable.

CHAMP D'ESSAI DE LA STATION VITICOLE DE COGNAC

Chez M. Pelletan fils, à Julliac-le-Coq (Charente), Grande Champagne.

Étage campanien. — Terrain très analogue à celui de M. Verneuil, un peu plus pierreux et moins coloré ; assez homogène.

L'épaisseur du sol est presque uniformément de 25 à 30 centimètres. Sous-sol comme chez M. Verneuil.

Plantation de 1890 ; greffage de 1891.

Le sol dose presque partout, d'après M. Ravaz, 33 0/0 de calcaire (craie), chiffre que présente le point où se trouve le 44.

Nous manquons de données sur le dosage des autres principes minéraux. Au reste, il y aurait peut-être indiscrétion de notre part à nous étendre davantage sur des expérimentations dont l'initiative appartient à M. Ravaz. Ce dernier saura en parler avec plus de compétence encore que nous. Dans ce champ, qui offre un type de composition physique et chimique fréquent en Grande Champagne, d'après les renseignements fournis obligeamment

CHASSELAS X BERLANDIERI
Nº 41

par M. Ravaz et nos observations personnelles, les greffes de *Folle* sur 41
n'ont jamais offert la moindre trace de chlorose et ont toujours été du plus
beau vert et d'une bonne fructification. L'une de ces greffes mesurait, à
la fin du mois d'août dernier, 0^m,088 de circonférence au-dessous du point
greffé. Ajoutons encore qu'ici comme chez M. Verneuil, les 33,50 surtout
les 144 et 143 greffés, n'ont jamais été que très faiblement chlorosés. Ces
épreuves, sans doute insignifiantes, ne les ont pas empêchés d'acquérir
en général une vigueur aussi grande que celles des greffes sur 41 et de
jouir d'une fructification satisfaisante. Remarquons en outre que ce sont
ces mêmes hybrides qui, avec le 41, prospèrent le mieux dans les champs
de Montagnac et dans ceux de MM. Thibaut et Bethmont, et qui viennent
immédiatement après le 41 dans le champ d'essai suivant dont il nous
reste à parler.

Champ d'essai de M. Dethan, au château de la Côte, par Bourdeilles (Dordogne).

Santonien inférieur.

Le plus mauvais de tous nos champs d'essai, à tous les points de vue.
Terre crayeuse, blanche, si maigre que les légumineuses ne peuvent y
réussir. Sol de 15 à 25 centimètres de profondeur, extrêmement pierreux,
formé par les débris du sous-sol. Ce dernier peu perméable aux racines,
constitué par des morceaux de craie de la grosseur du poing à celle de la
tête, cimentés par une argile marneuse, jaunâtre, compacte.

Le *Solonis* et le *Riparia-Ramon* non greffés y sont chlorotiques et rabougris.

Plantation en 1890; greffage en 1891.

Sol des plus calcaires. Un échantillon prélevé entre deux pieds de 41
greffés dose :

0 0 : — calcaire (craie), 65,0; argile, 44,0;

Azote, 0,018; acide phosphorique, 0,007; potasse, 0,06. — Sous-sol.
— Calcaire (craie), 75,5.

Dans cette terre si pauvre et si crayeuse, les greffes de *Folle* sur 41 n'ont
jamais été affectées de chlorose vraie; elles sont seulement d'un vert pâle
ou un peu jaunâtre qui est la couleur de tous les hybrides qui y réussissent
le mieux; sans doute, cette pâleur est un effet de la pauvreté du sol. Au
reste, la tenue comparative des 41 greffés en *Folle*, et celle de ceux qui ne
sont pas greffés, est la preuve certaine que la chlorose n'a rien à faire dans
la décoloration dont nous parlons. Nous avons, en effet, sous les yeux, les
notes de coloration données par M. Dethan lui-même, en 1891, 1892 et 1894,
à chacun de ces pieds. Or, chose bien extraordinaire et caractéristique, *tous
les pieds greffés ont eu régulièrement, chaque année, un coefficient de verdeur
plus élevé que celui des pieds non greffés*.

Les greffes dont nous parlons offrent un aspect très sain et produisent
quelques fruits : c'est tout ce qu'on en peut dire. Elles sont, il est vrai, de
développement médiocre; mais il ne saurait en être autrement, dans un sol
qui ne contient presque que des traces d'acide phosphorique, et plus de dix

fois moins d'azote et de potasse que n'en possèdent les terres de fertilité ordinaire.

Les bois du 41 mûrissent parfaitement et jusqu'au sommet des pousses, non seulement dans le Midi, mais à Bordeaux et dans les Charentes.

Sa reprise de boutures est excellente. Cette année, M. Bouisset, dans sa propriété de Montagnac (Hérault), a obtenu, sur plusieurs milliers de boutures, une reprise moyenne de 75 0/0.

Il reçoit parfaitement la greffe de nos variétés européennes, sur racinés en place comme sur simples boutures. M. Bouisset a obtenu cette année, en greffes-boutures de premier choix, une réussite moyenne de 50 0/0 pour la *Folle*. Comme les bois sont gros et de forme régulière, il est très facile de leur trouver des greffons assortis.

Les essais de greffage bouture sur bouture ont porté plus spécialement jusqu'ici sur la *Folle*. Cependant, un certain nombre de greffes-boutures réussies de *Carignane*, d'*Alicante blanc*, de *Plant-doré-d'Ay*, de *Pinot noir*, etc., montre qu'il n'y a pas lieu d'appréhender, pour les cépages européens en général, une incompatibilité notable avec le 41.

Le greffage sur racinés en place donne d'excellents résultats. Tous nos correspondants, M. d'Hébray (Mas-Grenier, par Verdun-sur-Garonne, Tarn-et-Garonne) surtout, louent beaucoup la beauté, la solidité, la régularité des soudures. Tous font remarquer que le plus souvent le renflement au point de la greffe est insensible ou même nul. Le 41 participe à cette propriété remarquable des hybrides franco-américains de grossir autant que grossit le greffon qu'on leur impose, de telle sorte qu'il n'y a pas, entre ce dernier et le porte-greffe, de différence notable de grosseur. Dans quelques cas, le greffon présente quelques millimètres de plus de circonférence que le porte-greffe ; dans d'autres, tout aussi nombreux, c'est le porte-greffe qui se montre un peu plus gros. Nous pourrions donner une foule d'exemples de ces deux dispositions, soit en greffes sur 41, soit en greffes sur 33, 50, 144, 143, 30, 142, etc. Cette particularité nous révèle, entre ces porte-greffes et nos cépages, une affinité du plus heureux augure pour la durée des vignobles reconstitués par ce genre d'hybrides.

Il résulte également de nos observations et des renseignements transmis par nos correspondants que les greffes sur 41 jouissent d'une très bonne fructification. MM. d'Hébray et Thibaut le notent expressément, et M. Verneuil, qui a pris la peine de comparer minutieusement la fécondité de toutes ses greffes, cette année où la coulure a été si calamiteuse dans le Sud-Ouest, place le 41 parmi les porte-greffes qui ont le mieux assuré la fructification complète de la *Folle*.

Il résulte de ce long exposé que l'hybride dont nous parlons jouit à un haut degré des propriétés nécessaires à un porte-greffe : vigueur, rusticité (il a supporté des hivers très rigoureux sans le moindre accident), résistance au Phylloxera égale à celle des porte-greffes américains les mieux éprouvés, résistance à la chlorose supérieur à tout ce qu'on connaît jusqu'à présent (sauf peut-être à celle du *Berlandieri* pur), reprise facile de boutures, affinité pour le greffage, fécondité des greffes, etc.

Ce porte-greffe est actuellement le seul qui ait fait ses preuves dans les sols crayeux des Charentes (Petite et Grande Champagne) ; et si l'on tient compte de sa tenue dans la terre si énormément crayeuse de M. Dethan, il est à présumer qu'il n'y a pas de terre crayeuse où il ne doive réussir, réserve faite des terrains de ce genre qui souffrent d'un excès d'humidité pendant la belle saison.

Il réussira donc, pensons-nous, dans la craie, d'une manière générale. Une autre question est de savoir si, dans certaines terres crayeuses, il est le seul qui puisse réussir.

Les données expérimentales, qui sont actuellement à notre disposition, sont insuffisantes pour répondre à cette question d'une manière suffisamment précise. Nous nous bornerons à quelques indications qui découlent des faits observés chez M. Verneuil et à Julliac-le-Coq.

Dans les sols bien drainés, qui ne renferment que de 20 à 25 ou 30 0/0 de craie, les hybrides franco-américains de *Rupestris* (nᵒˢ 33, 50) et plus encore ceux de *Riparia*, ainsi que l'a remarqué M. Ravaz (nᵒˢ 141, 143), ne se chlorosent pas ou très peu et semblent devoir donner des résultats aussi bons au moins que le 41, parce qu'ils forment par le greffage des ceps qui sont assez fréquemment un peu plus vigoureux que les greffes sur 41.

Ce ne serait que pour des doses de craie supérieures à 25 ou 30 0/0 dans le sol, que l'emploi du 41 nous semblerait absolument obligatoire.

Quant aux sols calcaires proprement dits, ou à fois calcaires et légèrement marneux, il semble à peu près certain que les hybrides franco-américains de *Rupestris* et de *Riparia* seront suffisants dans tous les cas (champs de Montagnac, groie de M. Bethmont) et même qu'ils pourront être quelquefois supérieurs au 41, à cause du développement souvent un peu plus considérable de leurs greffes.

Enfin, pour les sols très marneux, ceux du Gers, par exemple, qui sont si chlorosants qu'ils arrivent quelquefois à produire, à dose égale de calcaire, des effets aussi désastreux que la craie, il semble probable que, lorsque le calcaire y dépassera la proportion de 25 0/0, le 41 sera le porte-greffe le plus sûr à cause de sa résistance plus élevée à la chlorose, mais que, pour des teneurs en calcaire inférieures à cette limite, les hybrides franco-américains de *Riparia* et de *Rupestris*, et surtout ceux de *Cinerea* et de *Cordifolia*, à cause de leur affinité pour les terres fortes, pourront être préférés au 41.

10 novembre 1894.

Paris. — Imprimerie F. Levé, rue Cassette, 17.

www.ingramcontent.com/pod-product-compliance
Lightning Source LLC
LaVergne TN
LVHW012130170726
843501LV00008BC/3111